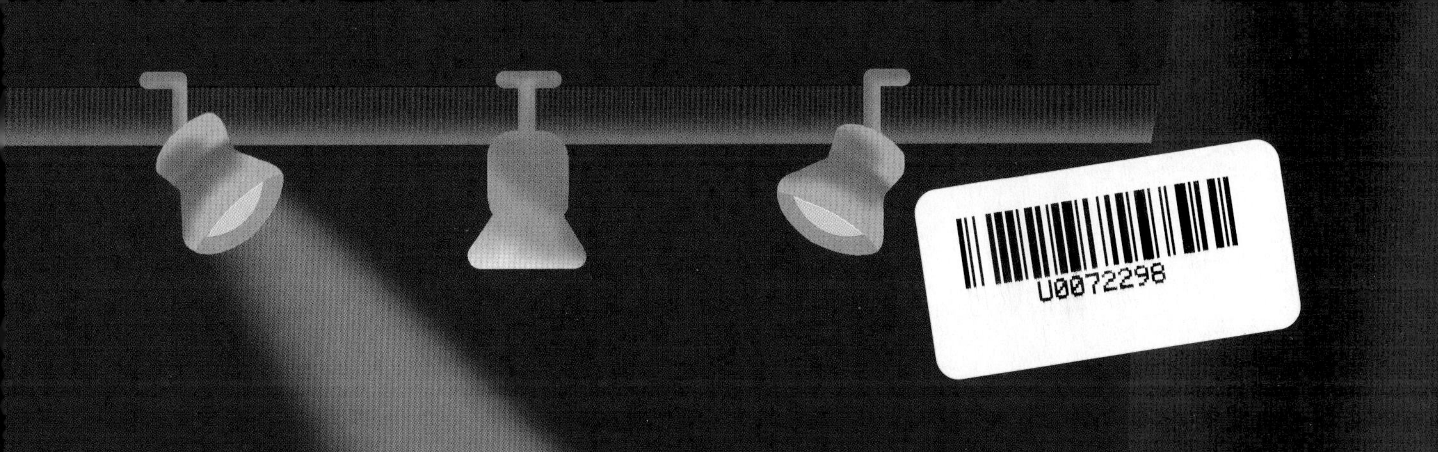

作者序

長大的我們對於「科學」的想像遠不及小時候來得浪漫，在孩子初認識科學的時候會有許多幻想，像是科學家可以發明把悲傷變成巧克力的機器，難過的時候都可以獲得甜蜜的安慰。科學家還可以研究神秘的地底，或許會發現地球中心有隻噴火龍也說不一定。

這本書可以陪孩子一起開啟對科學的想像，同時認識到我們生活中的科學，例如本書提到的光學現象，不論是可以讓我們從鏡子看到自己的「反射」或是要看到美麗彩虹就一定會出現的「折射」，書中的小浣熊隨著自己的好奇與想抓住光的執著，一步步的認識到這些原理。

初步企劃時，因為有新竹實驗中學陳其威老師的參與，其威老師提供了以光柵製作繪本的想法，在這本書當中有許多插圖都可以動態的方式呈現。透過光柵，不僅是讓靜態的圖變得生動，也讓書中所呈現的科學現象更清楚。

這本書非常適合讓父母陪孩子一起閱讀，不論家長是否有科學背景，都能夠過故事後的原理介紹帶領孩子進入科學的世界。然而不僅是孩子，家長也能重新用最單純的方式來認識科學。

關於作者

王均豪，畢業於國立臺灣師範大學物理學系。座右銘是來自於大廚高登・拉姆齊(Gordon Ramsay)曾經說過的一句話「你不會把鳳梨放在披薩上。」

Instagram：haohao_meme

關於繪者

陳瑩慈，自由接案設計。
因為這本書，體會到「做喜歡的事，身邊都會是喜歡的人。」

Instagram：algae_zao

小浣熊想抓住光

文／王均豪　圖／陳瑩慈

大樹林出版社

如何使用光柵板？

1 取出書內的光柵板。

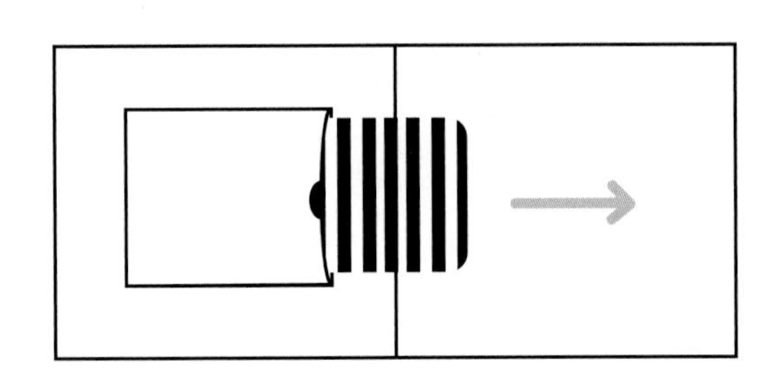

2 確認光柵板上的條紋是直的。

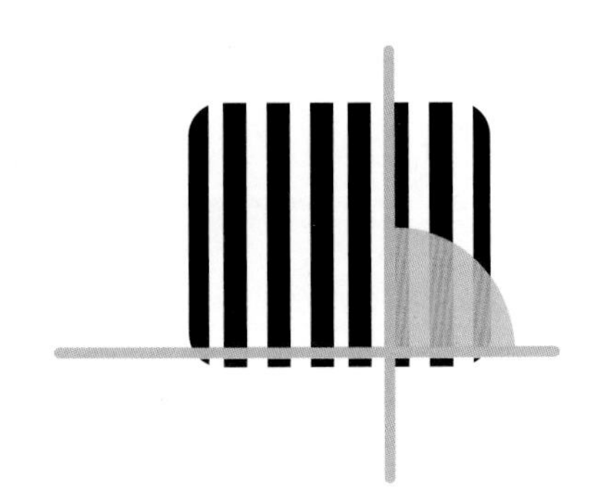

3 向右拉動，觀看光柵動畫。

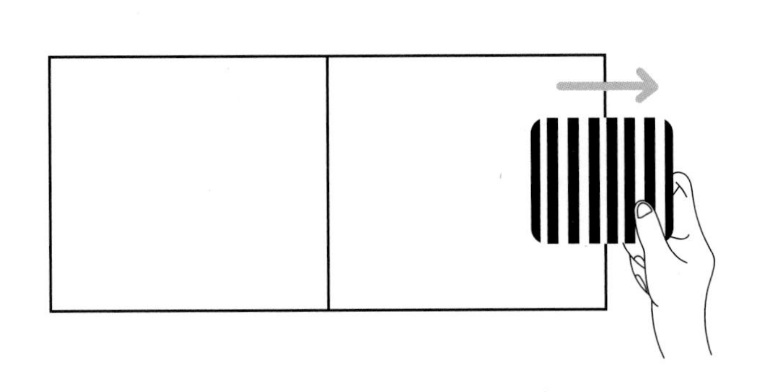

4 利用小技巧，讓動畫更清楚。

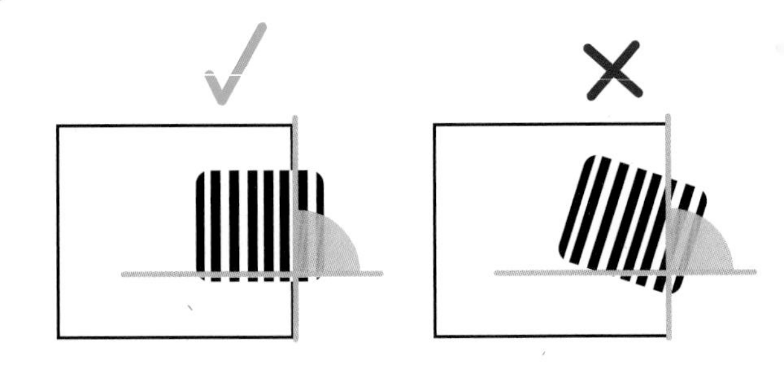

- 保持光柵條紋與水平面垂直不歪斜。
- 慢慢拉動不要急，讓每個動作更明顯。

把光柵板放在這裡試試看吧！

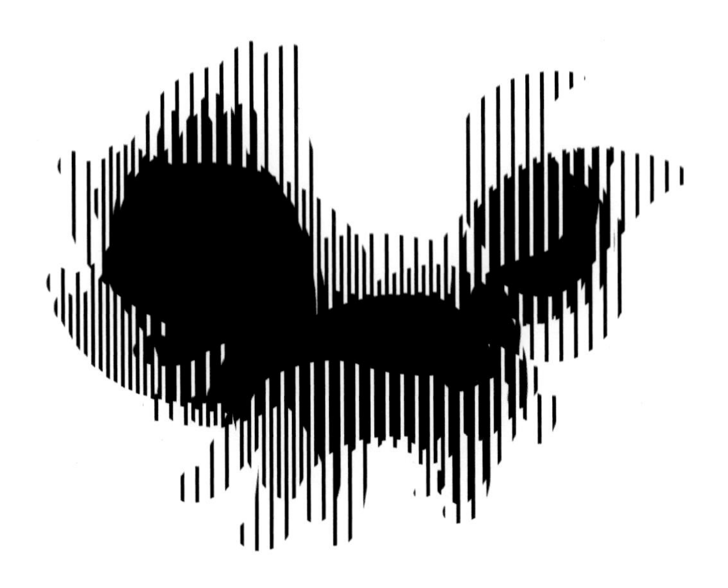

有看清楚以上四個動作嗎？ 故事要開始囉！

波波是一隻小浣熊，他對很多事物
都充滿好奇，看到什麼都想抓住。

那天是他第一次注意到光，
陽光讓波波覺得很刺眼。

波波決定要抓住光，
看看這個傢伙真正的模樣。

但是光實在是跑得太快了，
波波怎麼追也追不到光。

一秒鐘，光就能繞地球七圈半。
同樣一秒鐘，波波只能跑七公尺。

波波沒有因此放棄，他想起兔子小姐曾經說過：

「臉上的亮光被這面鏡子抓住了呢！」

波波拿來了一面鏡子當陷阱，
他趁著晚上沒有光的時候，
偷偷的躲在草叢裡面。

第二天清晨，
光跟著太陽一起出現了，
但是鏡子不但沒有抓住光，
反而把光彈走了。

$\theta_i=\theta_r$
$\theta_i=\theta_r$
θ_i
θ_r
「為什麼抓不住光呢？」
波波喃喃自語。
「這是光的反射現象喔！」
剛好經過的狐狸先生說。

波波不甘心，
他又想了另外
一個辦法。

波波猜，光一定不會游泳吧？
於是他找來一個大～魚缸，
他想用魚缸來抓住光。

波波趁著夜晚又躲進了草叢，
等待光的出現。

清晨時，
光又跟著太陽一起出現了，
可是這次光不但沒有被抓住，
反而還轉了一個彎。

波波跑去問狐狸先生，狐狸先生說：

「這是光遇到水後的折射現象！」

波波思考著，
到底還有什麼方法
可以抓住光呢？

「要不要試試看用這個？」
狐狸先生拿出了一塊大木板，
中間還挖了一個小孔。

「這麼小的洞，光一定要放慢速度才能走進來。」
狐狸先生得意的說道。

第二天，天還沒亮，
光和太陽還躲在山的後面。
波波和狐狸先生一起
躲在草叢裡。

狐狸先生小小聲的說：「我們可以的。」
波波也覺得這次一定能抓住光。

過了幾分鐘，光和太陽一起出現了，
光朝著板子上的洞口走過去，
可是光不但沒有放慢速度，還到處散了開來。

「這是光的繞射現象啊！」狐狸先生說。
皮波假裝在思考，但他其實還是不懂。

波波很失望，他不知道該怎麼辦，

這時天空下起了雨，溫柔的狐狸先生幫波波撐著傘。

「等雨停了，我們再一起抓住光。」狐狸先生說。

過了一陣子，雨停下來了。

「波波你看！」

狐狸先生望向天空。

天空出現了一道美麗的彩虹。
波波瞪大了眼，這是他第一次見到彩虹。

「這是光的折射與反射喔！」
狐狸先生對波波說。

波波好像有點了解了。

原來刺眼的陽光裡面有好多種顏色，在經過空氣中的水滴之後，全部都分開了。

「波波，我們已經抓住光了。」狐狸先生說。

波波疑惑的看著狐狸先生，
狐狸先生用手指了一下自己的眼睛，
原來，我們的眼睛就是抓住光最好的工具呢！

浣熊喜歡抓東西？其實是因為他們的視力不好，需要靠觸覺來幫助自己辨識各式各樣的東西。手濕濕的會讓他們的觸覺變得更敏感，所以浣熊東摸西摸、把東西泡進水裡的模樣，看起來就像是愛乾淨一樣。

浣熊跑步的速度大約是每秒 6.7 公尺，所以故事裡的小浣熊已經跑很快了喔！
而光的速度大約是每秒 3 億公尺，所以要追到光真的很困難。

「眼睛」就是人體身上最好的光學儀器，眼睛會捕捉周遭的光線，並且透過體內的神經轉換成特殊的訊號傳到大腦。小浣熊最後透過眼睛，捕捉到了美麗的彩虹，而且彩虹會留在小浣熊的回憶裡。

「反射」可以把光彈走，改變光的方向。除了鏡子可以反射光，平靜的水面也可以反射光。位在南美洲的烏尤尼鹽沼被稱為「天空之鏡」，因為一大片的水面像是鏡子一樣把天空都照映到了水裡。

「折射」是光在進入另外一個環境所發生的彎折現象。小浣熊原本以為光不會游泳，但其實光不只會游泳，而且游的速度只比在空氣中慢一些些而已。

陽光裡面藏著紅、橙、黃、綠、藍和紫，各種顏色的光。因為每種顏色的光轉彎的時候角度都不一樣，所以當陽光透過天空中的水滴折射，每個顏色就會分散開來，變成彩虹。

「繞射」是光穿過狹窄的縫隙之後，會向四面八方散開的現象。不只有光會繞射，聲音也會，例如隔著門聽不清楚另一邊的聲音，但是只要打開小小的門縫，聲音穿過狹窄的門縫之後，朝著四面八方散開，門後的人就可以聽得比較清楚了。

實際上我們沒有辦法用肉眼清楚的看到繞射過程，如果想看到比較明顯的繞射現象，可以用雷射筆穿過 0.1 公厘寬的小洞，就會出現清楚的繞射圖案，但是要注意使用雷射筆不能夠直接對著眼睛喔！

掃描 QR-code
更多好玩的科學
等你來探索！

故事裡的彩蛋

- 作者因為在創作的那幾天沒有睡好，因此想到同樣有黑眼圈的浣熊當作主角。順帶一提，波波的名字來自拉丁文 Procyon lotor，洗東西的熊。

- 小浣熊非常喜歡聽兔子小姐說關於宇宙的故事，所以當小浣熊聽不懂狐狸先生在說什麼的時候，腦袋跑出一片神秘的幻想宇宙。

- 有一隻灰色兔子在小浣熊的幻想宇宙裡搗年糕，而且吃得很飽。

- 狐狸先生其實沒有穿鞋子，他腿部的毛色讓他看起來像穿了鞋子一樣。

- 魚缸是跟兔子小姐借的，但這也是約翰的家。沒錯，約翰就是那隻金魚。

- 某一頁的畫面是致敬日本動畫電影《龍貓》在「稻荷前」等公車時的場景。在日本神話中，稻荷神的形象剛好是隻狐狸。

- 書中隨處可見黃色的球狀物，它的名字叫「光子」，一般來說你看不到它，但是這本書很貼心，幫你找到它了。光子不善長繞射，所以某頁它偷偷躲起來了。

小浣熊想抓住光

/ 科學繪館 01

作者｜王均豪
編輯｜HaoHao
繪者｜陳瑩慈
封面設計｜許惠淇
排版設計｜陳瑩慈
審訂｜張彣鈺
出版者｜大樹林出版社
登記地址｜新北市中和區中山路 2 段 530 號 6 樓之 1
通訊地址｜新北市中和區中正路 872 號 6 樓之 2
電話｜(02) 2222-7270
傳真｜(02) 2222-1270
網站｜www.gwclass.com
繪本官網｜haohaobutsuri.wixsite.com/science-draw
E- mail｜notime.chung@msa.hinet.net
Facebook｜www.facebook.com/bigtreebook

總經銷｜知遠文化事業有限公司
地址｜222 深坑區北深路三段 155 巷 25 號 5 樓
電話｜(02) 2664-8800
初版｜2022 年 5 月

定價 / 320 元
ISBN / 978-626-96012-0-2

本書如有缺頁、破損、裝訂錯誤，請寄回本公司更換

Printed in Taiwan

國家圖書館出版品預行編目 (CIP) 資料

小浣熊想抓住光 / 王均豪文；陳瑩慈圖
-- 初版 . -- 新北市 : 大樹林出版社，2022.05
面；　公分 . -- (科學繪館 1)
ISBN 978-626-96012-0-2 (精裝)
1.CST: 物理光學 2.CST: 繪本
336.4　111005429